Bing Han
Yanbin Chen
Wang Tao

Efeito do fio de enchimento na soldadura de dupla face por feixe laser de ligas Al-Li

Bing Han
Yanbin Chen
Wang Tao

Efeito do fio de enchimento na soldadura de dupla face por feixe laser de ligas Al-Li

ScienciaScripts

Imprint
Any brand names and product names mentioned in this book are subject to trademark, brand or patent protection and are trademarks or registered trademarks of their respective holders. The use of brand names, product names, common names, trade names, product descriptions etc. even without a particular marking in this work is in no way to be construed to mean that such names may be regarded as unrestricted in respect of trademark and brand protection legislation and could thus be used by anyone.

Cover image: www.ingimage.com

This book is a translation from the original published under ISBN 978-3-330-08463-6.

Publisher:
Sciencia Scripts
is a trademark of
Dodo Books Indian Ocean Ltd. and OmniScriptum S.R.L publishing group

120 High Road, East Finchley, London, N2 9ED, United Kingdom
Str. Armeneasca 28/1, office 1, Chisinau MD-2012, Republic of Moldova, Europe
Printed at: see last page
ISBN: 978-620-7-27901-2

Copyright © Bing Han, Yanbin Chen, Wang Tao
Copyright © 2024 Dodo Books Indian Ocean Ltd. and OmniScriptum S.R.L publishing group

ÍNDICE DE CONTEÚDOS

Juntas em T soldadas por feixe laser de dupla face para fuselagem de aeronaves em liga de alumínio-lítio Painéis: Efeitos dos elementos de enchimento na microestrutura e nas propriedades mecânicas

Bing Han*[1] , Wang Tao[1] , Yanbin Chen[1] , Hao Li[2]

[1] State Key Laboratory of Advanced Welding and Joining, Instituto de Tecnologia de Harbin, Harbin 150001, China

[2] Centro Nacional de Investigação em Engenharia do Fabrico de Aeronaves Comerciais, Xangai 200436, China

Resumo

No presente trabalho, as juntas em T constituídas por ligas de alumínio-lítio 2060-T8/2099-T83 com 2,0 mm de espessura para painéis de fuselagem de aeronaves foram fabricadas por soldadura de dupla face por feixe de laser de fibra com diferentes fios de enchimento. Um novo tipo de fio CW3 (Al-6,2Cu-5,4Si) foi estudado e comparado com o fio convencional AA4047 (Al-12Si), principalmente em termos de microestrutura e propriedades mecânicas. Verificou-se que a principal função combinada de Al-6,2%Cu-5,4%Si no CW3 resultou em melhorias consideráveis, especialmente , na resistência intergranular, na suscetibilidade à fissuração a quente e nas propriedades de tração em arco. Foi observada uma típica zona equiaxial não dendrítica (EQZ) ao longo do limite de fusão das soldaduras. As fissuras a quente e as fracturas durante a carga estavam sempre localizadas dentro da EQZ, no entanto, esta zona típica podia ser contida pelo CW3, de forma eficaz. Para além disso, a alteração da principal fase intergranular precipitada na ZEQ da fase T pelo AA4047 para a fase T2 pelo CW3 também resultou em desenvolvimentos no reforço intergranular microscópico e nas propriedades macroscópicas de tração em arco. Além disso, a formação de pontes causada por dendritos de subestrutura mais ricos na zona colunar da soldadura CW3 resultou numa suscetibilidade à fissuração a quente muito mais baixa de toda a soldadura do que a da AA4047.

Palavras-chave: Soldadura dupla face com feixe laser, ligas Al-Li, elementos de metal de adição, zona equiaxial

1. Introdução

A rebitagem tem sido a tecnologia de união dominante na fuselagem de aeronaves desde há décadas [1]. As principais desvantagens do processo de rebitagem são a baixa eficiência e o elevado custo. Para além disso, trata-se de uma tecnologia madura e extensivamente investigada, na qual é difícil fazer mais melhorias [2-4]. Com o objetivo de melhorar essas limitações, a tecnologia de soldadura por feixe laser de fibra dupla face (LBW) foi proposta pela primeira vez na Airbus Alemanha para substituir a rebitagem na junção das juntas em T das longarinas da pele e já é um processo estabelecido para o fabrico de aeronaves, que oferece mais poupanças de peso ao substituir a estrutura diferencial rebitada por uma estrutura integral soldada [5-7].

Nos últimos anos, as ligas Al-Li com vantagens notáveis, tais como a diminuição da densidade, o aumento do módulo de elasticidade, bem como uma melhoria apreciável da resistência específica e da rigidez, têm sido consideradas como substitutos desejáveis para as tradicionais ligas de Al de alta resistência das séries 2xxx e 7xxx, tendo sido feitos esforços consideráveis para o desenvolvimento desta família [8-10]. Além disso, estudos envolvendo o desenvolvimento da solda de ligas Al-Li mostraram uma tendência para a formação de uma faixa de grãos equiaxiais ao longo da linha de fusão do metal de solda [11-15]. A zona equaixada não dendrítica (EQZ) forma-se numa região fundida estreita entre a zona parcialmente fundida (PMZ) e a zona de fusão (FZ) [16].

Os grãos finos equiaxiais rodeados por constituintes eutécticos no limite do grão enfraquecem a ZEQ e conduzem a propriedades mecânicas e de corrosão deficientes, pelo que esta zona é uma região importante que requer maior atenção [17, 18]. Os componentes do material de enchimento desempenham um papel importante na formação e presença da ZEQ. Para além disso, estudos relativos descobriram que a largura da ZEQ varia com um aumento do teor de Li e Zr no metal de adição [19].

Nos nossos estudos preliminares, uma vez que as ligas Al-Li tendem a desenvolver fissuras metalúrgicas induzidas no cordão de soldadura, a junta em T teve de ser soldada com um fio de enchimento adicional que tem um elevado teor de Si para evitar a formação de fissuras [20]. Jan et al. [21] estudaram a influência dos elementos de enchimento na suscetibilidade à fissuração de solidificação na soldadura a laser CO2 da liga 2195 utilizando diferentes fios de enchimento, respetivamente fios de liga Al-Si, Al-Mg e Al-Cu, e o fio Al-Si foi considerado eficaz na redução da suscetibilidade à fissuração de solidificação. Nas ligas LBW Al-Li de dupla face, no entanto, os resultados da simulação relativa de Zain-ul-abdein et al. [22] mostraram que a tensão de tração residual pós-soldadura na junta T era muito mais grave do que na junta anterior.

O que é pior, a segregação de soluto ocorreu e os líquidos eutécticos existiram em grande parte ao longo dos limites de grão na solda devido à solidificação sem equilíbrio durante a soldadura. Tian et al. [23] também descobriram que a fissuração a quente ainda não podia ser contida muito bem, mesmo usando AA4047 quando juntas T LBW Al-Li 2196/2198 de dupla face. Além disso, as propriedades da ZEQ mostraram uma influência considerável nas resistências à tração e nas características de fratura das juntas em T. A maior parte das superfícies de fratura localizadas na ZEQ apresentaram um modo intergranular. Em suma, os constituintes e a proporção das fases eutécticas nos limites do grão mostram uma relação íntima com as propriedades de tração das juntas em T e a fissuração a quente. É necessário estudar outros metais de adição com melhor reforço e menor sensibilidade à fissuração.

Tendo em conta estes factores, a presente investigação teve como objetivo estudar as características microestruturais da ZEQ e os defeitos de fissuração a quente influenciados pela composição química dos metais de adição. Seria útil estudar os efeitos da química do material de adição na ZEQ e na formação de fissuras a quente, especialmente com adições de Si e Cu. Em comparação com o AA4047, um novo fio CW3 (Al-6.2Cu-5.4Si) foi primeiramente estudado para melhorar com sucesso as propriedades da EQZ e conter as fissuras a quente em juntas em T compostas por ligas Al-Li 2060 e 2099. Estudos anteriores relatados por Zhang et al. [24] e An et al. [25] demonstraram que a liga Al-Li 2060 era muito sensível à fissuração a quente em juntas de topo LBW, o que poderia ser eliminado pela adição de fio de enchimento adequado durante a soldadura, e a EQZ foi detectada ao longo do limite de fusão. Além disso, com uma composição elementar semelhante à das ligas Al-Li 2060 e 2099, as ligas Al-Li 2198 e 2196 foram também utilizadas para os componentes do revestimento e da longarina e soldadas por tecnologia LBW de dupla face. Tian et al. [23] tentaram desenvolver um modelo de fissuração a quente através da adaptação de um modelo existente desenvolvido por Rappaz, Drezet e Gremaud para a previsão da fissuração durante a fundição. Os resultados da simulação previram claramente que a população de fissuras aumenta com o aumento da potência do laser. Este modelo desenvolvido foi capaz de prever com precisão o campo térmico em torno da soldadura e a tendência da suscetibilidade à fissuração a quente em função dos parâmetros do processo, no entanto, a sua precisão foi facilmente influenciada por outros fenómenos complexos, como a porosidade, que não foi incluída na estrutura de modelação. Uma vez que são limitados os artigos públicos sobre as características da EQZ e da fissuração a quente em juntas em T de ligas Al-Li LBW de dupla face, o nosso trabalho fornecerá resultados significativos, especialmente em LBW de dupla face de novas ligas Al-Li comerciais de 3ª geração para o fabrico de fuselagens de aeronaves.

2. Procedimento experimental

2.1. Materiais

Neste estudo, foram utilizados painéis laminados (500 mm × 100 mm) de Al-Li 2060-T8 com 2,0 mm de espessura e perfis extrudidos (500 mm × 28 mm) de Al-Li 2099-T83 com 2,0 mm de espessura para a soldadura dos componentes do revestimento e da longarina, respetivamente. As proporções de Cu/Li nestas duas ligas Al-Li forjadas eram totalmente diferentes e foram desenvolvidas para a indústria aeronáutica pela Alcan Inc., em particular para aplicações na fuselagem inferior. As composições químicas são apresentadas no Quadro 1. Devido à escolha da liga e da condição de têmpera, o material da longarina possuía uma resistência mais elevada do que o material da pele. Este aspeto foi essencial para o reforço da estrutura final da fuselagem. As resistências à tração finais médias das ligas Al-Li 2060 e 2099 foram de 501 MPa e 573 MPa, respetivamente. Foram utilizados dois fios de enchimento com o mesmo diâmetro de 1,2 mm. Um deles era a liga eutéctica AA4047 fabricada pela Maxel Inc, e o outro era uma nova liga desenvolvida CW3 (Al-6,2%Cu-5,4%Si), como se mostra na Tabela 2. Pequenas quantidades de Mn e Ti também foram introduzidas via CW3 para refinar a solidificação da solda de forma mais eficaz.

Tabela 1 Composições químicas dos metais de base (wt. %).

Material	Cu	Li	Zn	Mg	Mn		ZrAg	Al
2060	3.9	0.8	0.32	0.7	0.29	0.	10.34	Bal.
2099	2.52	1.87	1.19	0.497	0.309	0.082 ---		Bal.

Tabela 2 Composições químicas dos metais de adição (wt. %).

Material	Si	Cu	Mn	Ti	Al
AA4047	11.52	< 0.01	0.01	0.01	Bal.
CW3	5.41	6.17	0.32	0.16	Bal.

2.2. Método experimental e configuração

A LBW de dupla face da junta em T foi efectuada utilizando um combinador de dois lasers de fibra de 10 kW (YLS-10000, IPG Photonics Corp., Alemanha) e dois alimentadores de fio (KD-4010, Fronius International GmbH, Áustria), que foram controlados por dois robôs industriais de 6 eixos (KR-16W, KUKA Robot Group, Alemanha). Os lasers de fibra com um comprimento de onda de emissão de 1,06 μm podem funcionar em modo de onda contínua (CW). O feixe laser passou através de um espelho de focagem com 192 mm de comprimento e foi finalmente focado como um ponto de 0,26 mm de diâmetro.

Durante a soldadura LBW de dupla face, os cordões de soldadura entre a longarina e o painel de revestimento foram feitos simultaneamente de ambos os lados da longarina. Para obter uma poça de fusão de soldadura comum, os dois feixes de laser de fibra devem ser focados simetricamente em duas posições opostas ao longo da longarina, respetivamente. Para estabilizar o processo de soldadura, o fio de enchimento e o gás de proteção foram colocados no mesmo plano que o feixe laser e mantidos num ângulo de aproximadamente 20° em relação à longarina. A instalação de soldadura a laser e os diagramas esquemáticos são mostrados na Fig. 1. Os parâmetros de soldadura utilizados estão resumidos na Tabela 3. Não foi efectuado qualquer tratamento térmico nas juntas em T soldadas após a soldadura.

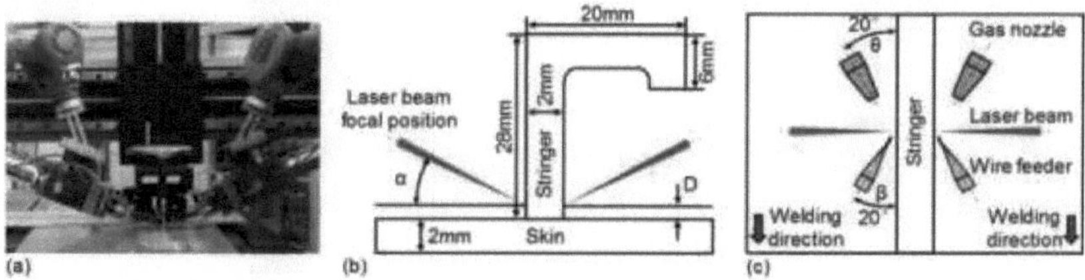

Fig. 1 Instalação de soldadura por laser (a); diagramas esquemáticos da junta configuração (não à escala) na parte frontal (b) e na parte superior (c).

2.3. Análise da macro e da microestrutura

Após a soldadura, o aspeto da superfície das soldaduras e a estrutura metalográfica interna foram detectados por dois tipos de microscópios ópticos (OLYMPUS SZX12 e OLYMPUS GX71). Os defeitos de porosidade das soldaduras foram testados por ensaios não destrutivos de raios X (NDT) com um alcance de 200 mm e um ângulo de 45° entre o painel de pele e a trajetória dos raios X. Microsecções não gravadas seleccionadas foram posteriormente examinadas por um microscópio eletrónico de varrimento (SEM, HITACHI S-3400N) para investigar a estrutura interfacial, a caraterística fractográfica, a segregação de elementos e a fissuração a quente nas juntas em T. Através da utilização de um detetor fixado no SEM, foram realizadas análises de espetroscopia de raios X por dispersão de energia (EDX), especialmente nos limites dos grãos, para determinar os constituintes químicos (exceto Li) das diferentes fases eutécticas. Para esclarecer as diferenças no tipo e proporção de fases eutécticas e precipitadas entre estes dois tipos de juntas em T soldadas por AA4047 e CW3, foram realizadas experiências de difração de raios X (XRD) na região de soldadura utilizando um aparelho BRUKER D8 ADVANCE. Além disso, foram cortados no centro das soldaduras espécimes com a forma de 1,5 × 1,5 × 1,5 mm^3 cúbicos, que foram submetidos a uma análise de calorimetria diferencial de varrimento (DSC) utilizando um aparelho NETZSCH STA 449 F3 (1500 °C) de temperatura ambiente a 700 °C a uma taxa de aquecimento de 10 °C /min.

Tabela 3 Parâmetros de soldadura do processo de soldadura com feixe laser de fibra de dupla face para a junta em T.

Parâmetros de soldadura	Valores
Potência laser (P)	3,0 kW
Velocidade de soldadura (v_w)	10 m/min
Velocidade de alimentação do fio (v_f)	4,3 m/min
Ângulo do feixe incidente (α)	22°
Ângulo de alimentação do fio (β)	20°
Ângulo do gás de proteção (θ)	20°
Posição do feixe incidente (D)	0,1 mm
Extensão do fio	8 mm
Posição focal	Superfície do provete
Gás de proteção	Árgon
Caudal de gás de proteção	15 L/min

2.4. Ensaio de tração por arco

Os ensaios de tração ao ar à temperatura ambiente foram realizados a uma taxa de deformação de 2 mm/min utilizando uma máquina de ensaios universal INSTRON-5569 com controlo de deslocamento. De acordo com a norma ASTM E 8M-04, os espécimes de tração dog-bone foram extraídos das juntas em T na direção TL (normal à direção de soldadura) por maquinagem de descarga eléctrica, como se mostra mais detalhadamente na Fig. 2. Foi utilizado um extensómetro com um comprimento de medição de 25 mm para medir a tensão durante o ensaio. Foram avaliadas a tensão de cedência (YS), a tensão de rutura (UTS) e a ductilidade (percentagem de alongamento).

3. Resultados e discussão

3.1. Macro e microestruturas de soldaduras utilizando diferentes fios

As aparências de soldadura das ligas Al-Li 2060-T8/2099-T83 soldadas com feixe laser de dupla face utilizando AA4047 e CW3 são mostradas na Fig. 3. Obviamente, o defeito típico de fissuração de cristal ainda pode ser observado na solda soldada por AA4047, como indicado pela seta na Fig. 3a. Este tipo de fissura cristalina estava localizado aproximadamente perpendicularmente à direção de soldadura e era

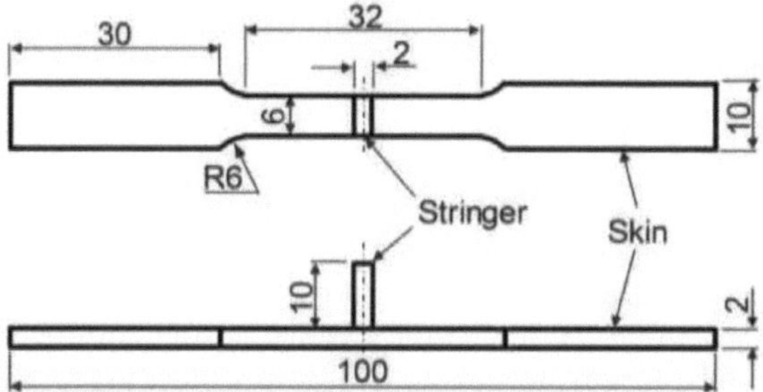

Fig. 2 Geometria do provete para ensaios de tração em arco (não à escala).

demasiado difícil de ser detectado na observação da secção transversal da soldadura anteriormente. No entanto, com a utilização do CW3, foi possível obter uma soldadura sem fissuras, como se mostra na Fig. 3b.

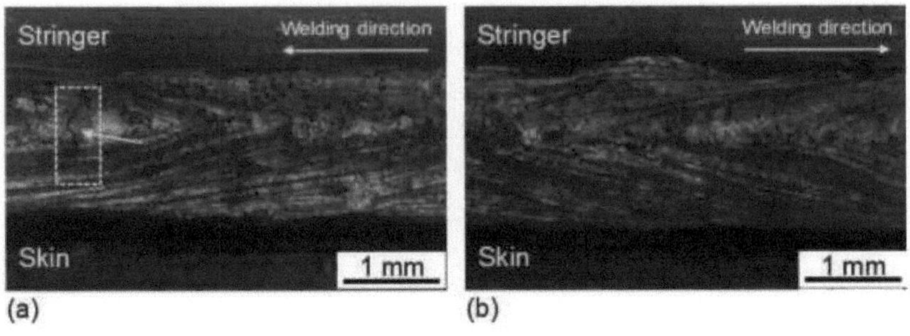

Fig. 3 Macrografias ópticas mostrando o aspeto exterior da soldadura: AA4047 (a) e CW3 (b).

Micrografias da totalidade das soldaduras 2060-T8/2099-T83 soldadas por AA4047 e CW3 sob os mesmos parâmetros de soldadura da Tabela 3 são mostrados na Fig. 4. Apenas pequenos poros, mas nenhuma fissura quente, podem ser observados nas secções transversais das soldaduras soldadas por AA4047 e CW3. Dois parâmetros críticos de penetração de solda (*f*) e largura de solda (*w*) são ilustrados na Fig. 4a. Por medição metalográfica, a penetração de solda das soldas soldadas por AA4047 e CW3 são 0,70 mm e 0,63 mm; a largura de solda das soldas soldadas por AA4047 e CW3 são 4,10 mm e 4,23 mm. Assim, os efeitos da profundidade de penetração e da diluição com o material da pele para as soldaduras soldadas por AA4047 e CW3 nas propriedades mecânicas das juntas em T podem ser considerados aproximadamente os mesmos sob os mesmos parâmetros.

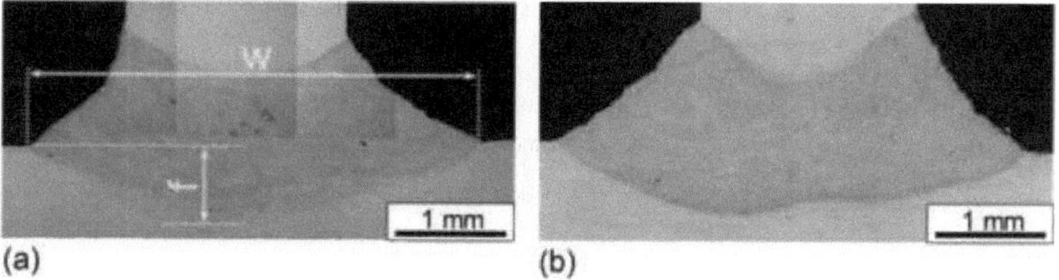

Fig. 4 Secção transversal de toda a soldadura: AA4047 (a) e CW3 (b).

Os defeitos de porosidade em dois tipos de soldas soldadas por AA4047 e CW3 foram investigados pela técnica NDT, como mostrado na Fig. 5. Na soldadura de AA4047, o número de poros, o espaçamento mínimo e o diâmetro máximo foram testados como sendo 12, 3,2 mm e 0,60 mm, respetivamente, numa gama de 200 mm, como se mostra na Fig. 5a. Na soldadura de CW3, o número de poros, o espaçamento mínimo e o diâmetro máximo foram testados como sendo 8, 3,5 mm e 0,58 mm, respetivamente, na mesma gama, como mostra a Fig. 5b. Em comparação com o AA4047, não se registou qualquer efeito negativo óbvio nos defeitos de porosidade quando se utilizou o fio CW3.

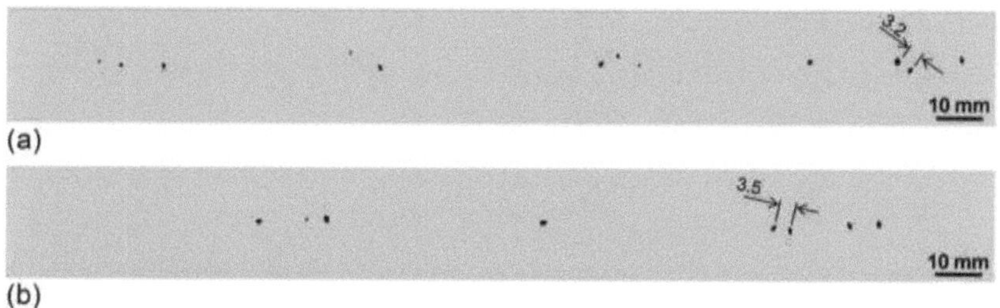

Fig. 5 Defeitos de porosidade da soldadura de diferentes soldaduras soldadas por: AA4047 (a) e

CW3 (b).

A microestrutura típica das ligas Al-Li soldadas por feixe laser de dupla face utilizando AA4047 é mostrada na Fig. 6, que representa uma secção transversal perto da linha de fusão superior (Fig. 6a). De cima para baixo, a secção transversal da junta em T pode ser dividida em várias zonas diferentes, incluindo: a

BM, HAZ, PMZ e FZ, como indicado na Fig. 6b. O interior da FZ exibiu a habitual estrutura dendrítica grosseira. Ao passo que, junto ao limite de fusão, formou-se uma zona de grãos finos equiaxiais. Esta caraterística foi normalmente associada a soldaduras em ligas Al-Li contendo Zr e a região foi denominada zona equiaxial não dendrítica (ZEQ). Acredita-se que os grãos finos equiaxiais na ZEQ se formaram através de um mecanismo de nucleação heterogéneo auxiliado por precipitados de Al_3Zr e $Al_3(Li, Zr)$ [14]. No entanto, as fracas propriedades de contorno de grão na ZEQ foram confirmadas em estudos relativos anteriores [16-18]. Em especial, verificámos que podiam ser observados defeitos graves de fissuras a quente na ZEQ, ao lado da linha de fusão superior, o que enfraqueceu definitivamente a ligação entre a longarina e a soldadura a laser (Fig. 6c).

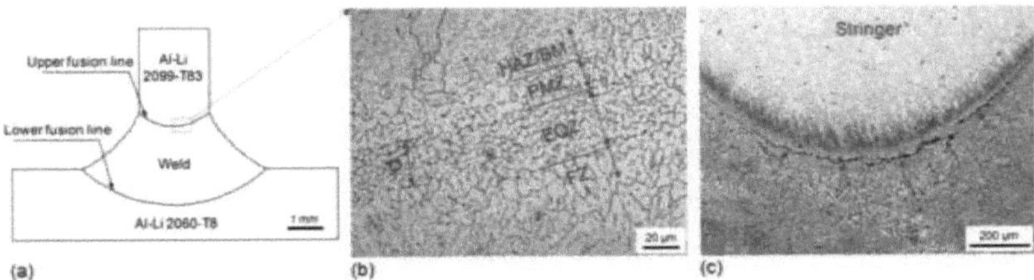

Fig. 6 Microestrutura perto da linha de fusão superior para a junta em T de ligas Al-Li soldada com AA4047: diagrama da secção transversal (a), microestrutura típica perto da linha de fusão superior (b) e fissuras a quente localizadas na ZEQ (c).

Para estudar os efeitos dos elementos de enchimento na formação e distribuição da ZEQ, foram efectuadas medições metalográficas da largura da ZEQ (*d*) ao lado das linhas de fusão inferior e superior nas soldaduras de AA4047 e CW3 pelo OM com um intervalo de 0,1 mm (Fig. 7), e a posição de medição é ilustrada na Fig. 6b. É uma descoberta significativa deste estudo, as ZEQs ao lado das linhas de fusão inferior e superior foram significativamente inibidas pela utilização do fio CW3. A largura máxima da EQZ perto da linha de fusão inferior/superior foi reduzida de mais de 67/71 μm (AA4047) para menos de 33/27 μm (CW3), e a largura média da EQZ perto da linha de fusão inferior/superior também diminuiu de cerca de 18/22 μm (AA4047) para 12/13 μm (CW3). Nalgumas áreas perto da linha de fusão, a EQZ foi mesmo inibida totalmente e desapareceu. A microestrutura sem a EQZ na soldadura CW3 é mostrada na Fig. 7c. O efeito inibidor efetivo para a formação de EQZ foi confirmado ao usar o enchimento CW3. Dev et al. [16] descobriram que a presença de Cu influenciará o fluxo de fluido perto da borda da poça de fusão e, consequentemente, levará a uma menor largura da ZEQ ao longo do limite de fusão após a soldadura. Ao contrário da ZEQ, a trinca a quente foi difícil de se estender através dos limites de grão do enrolamento dentro da zona de dendrite colunar.

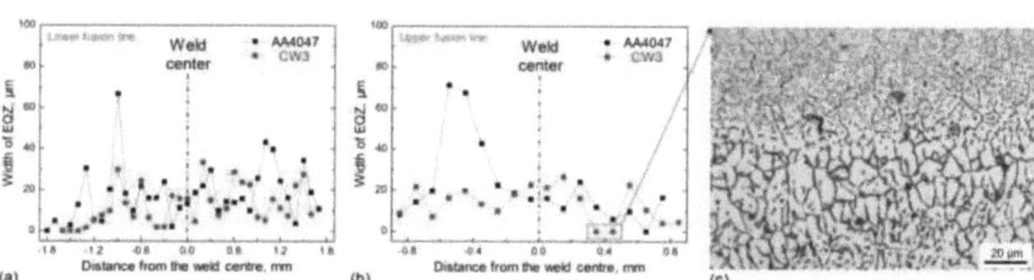

Fig. 7 Distribuições de largura da EQZ nas soldaduras com cargas AA4047 e CW3: linha de fusão inferior (a); linha de fusão superior (b) e microestrutura perto da linha de fusão superior na soldadura CW3 (c).

3.2. Caracterização de fases

Para esclarecer as regras de evolução da composição das fases afectadas pelas diferentes químicas de carga acima referidas, os padrões de XRD das soldaduras por fusão com cargas AA4047 e CW3 são ilustrados na Fig. 8. Mostra que os principais tipos de fases intermetálicas foram as fases T (AlLiSi) e T_2 (Al_6CuLi_3). Para comparar as intensidades dos picos das fases entre si na curva azul do AA4047, os picos com a intensidade máxima relativa foram devidos à fase T, que tem uma estrutura cristalina cúbica, F-43m, e um parâmetro de rede de 0,593 nm [26]. Portanto, a fase T era a fase principal na soldadura quando se utilizava este tipo de carga comercial com alto teor de Si. Com o uso do novo tipo de carga CW3, no entanto, as intensidades dos picos da fase T diminuíram drasticamente, como mostrado na curva vermelha do CW3. E como resultado disso, a fase T_2 pode ser a principal fase de reforço neste tipo de soldaduras. A fase T_2 foi considerada uma fase quasicristalina com um parâmetro de rede de 0,505 nm, que exibia uma estrutura icosaédrica com simetria de difração quíntupla. Formou-se como uma fase grosseira de contorno de grão, que se localizava apenas nos limites de grão devido à sua ausência no interior dos grãos [27]. Em comparação com os parâmetros de rede da fase T e da matriz de Al de 0,593 nm e 0,405 nm, a fase T_2 apresenta uma distorção de rede menor com a matriz do que a fase T na interface de fase e, por isso, obtém um rácio mais baixo de interface semi-coerente e não coerente, mas uma maior resistência interfacial. Além disso, a fase de reforço original T_1 (Al_2CuLi)

nos BMs desapareceu, uma vez que não foi possível observar qualquer pico T_1 nos espectros de XRD.

Para verificar a análise XRD e identificar melhor as fases, os termogramas DSC das soldas soldadas com as cargas AA4047 e CW3 estão representados na Fig. 9. Como mostra a curva sólida, podem ser encontrados quatro picos endotérmicos, situados a 144,1 °C (pico A), 289,3 °C (pico B), 616,2 °C (pico C) e 638,4 °C (pico D), respetivamente. Estudos recentes indicaram que o pico A foi largamente causado pela dissolução da zona GP (Cu), o pico B correspondeu à dissolução da fase δ', o pico C foi devido à dissolução da fase T, e o pico D associado à fusão da matriz de soldadura [28-30]. Para corresponder ao resultado da análise XRD, um novo pico situado a 597,0 °C (marcado pela seta) apareceu na curva DSC do CW3, este pico foi associado à dissolução da fase T_2, no entanto, o pico C desapareceu ao mesmo tempo, o que significa que a proporção da fase T_2 tinha sido obviamente aumentada, mas a proporção da fase T tinha sido largamente diminuída na região da solda modificada pela função combinada de Al-6,2%Cu-5,4%Si no CW3.

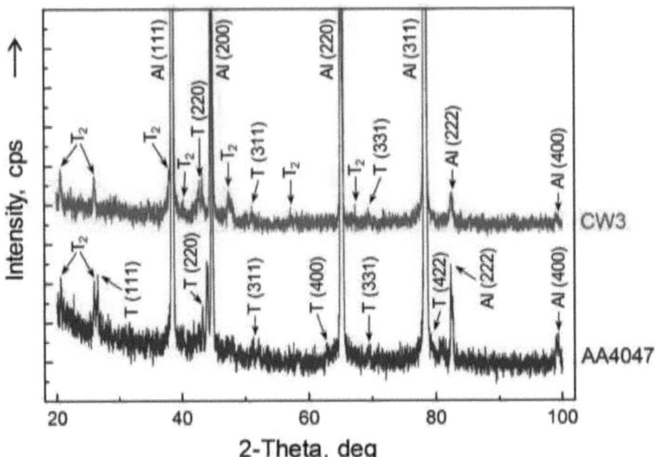

Fig. 8 Espectros de difração de raios X das soldaduras utilizando AA4047 e CW3 cargas, respetivamente.

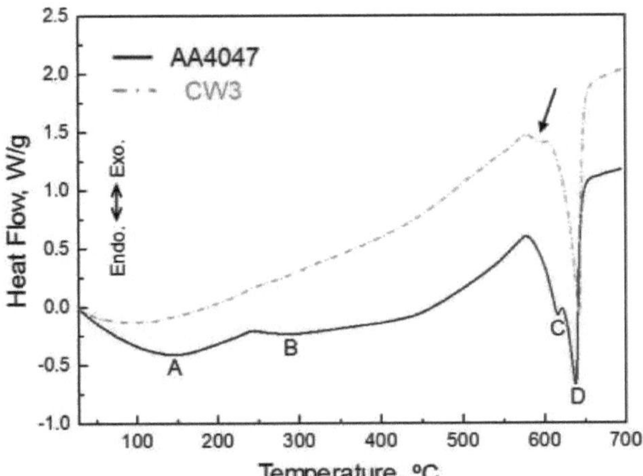

Fig. 9 Termogramas DSC das soldaduras com cargas AA4047 e CW3, respetivamente.

A Fig. 10 mostra as imagens SEM e os correspondentes resultados da análise qualitativa da composição EDX na ZEQ das soldaduras soldadas com fios AA4047 e CW3, respetivamente. Pode notar-se que os constituintes eutécticos contínuos e descontínuos e as partículas intermetálicas foram distribuídos ao longo dos limites de grão na ZEQ, o que sugere que a segregação de elementos de liga (já existentes na placa de base e adicionados com o fio de enchimento) para o limite de grão. Como se mostra na Fig. 10a, com uma forma regular especial, uma fase escura estava localizada no limite do grão e estava parcialmente incorporada no grão equiaxial. Foi testado para conter Al e Si por EDX. Além disso, pequenas quantidades de Cu e Mg também puderam ser detectadas sob esta fase escura. O Cu e o Mg podem ser provenientes do eutéctico divorciado em torno da fase. Como todos sabemos, o Li é demasiado leve para ser detectado pelo teste EDX. No entanto, para estimar a partir da sua cor escura relativa na imagem SEM, pode também conter Li. Assim, para associar com a análise sobre a fase T acima, esta fase escura poderia ser a fase T (AlLiSi). Na Fig. 10b, como resultado da utilização de Al-6,2%Cu-5,4%Si CW3, o Si foi difícil de detetar ao longo dos limites de grão na ZEQ, escusado será dizer a fase T. Na verdade, os elementos dentro da ZEQ provêm principalmente do BM perto da linha de fusão, e uma vez que a ZEQ está localizada dentro de uma camada limite laminar na borda da piscina durante a soldadura, apenas uma pequena quantidade de elementos, incluindo o Si do fio, pode difundir-se através desta camada limite laminar e reter na ZEQ na solidificação. Para além disso, o que é diferente da situação do AA4047, com uma diminuição acentuada do Si no CW3, o teor de Si na ZEQ deve diminuir ainda mais, consequentemente, o baixo teor de Si é insuficiente para formar segregação intergranular, pelo que o Si só existe sob a forma de solução sólida no interior dos grãos. Os resultados de EDX mostram que os constituintes eutécticos intergranulares eram ricos em Al e Cu. Assim, para associar com os resultados XRD acima, poderia haver uma fase T_2 (Al_6CuLi_3) localizada dentro destes constituintes eutécticos.

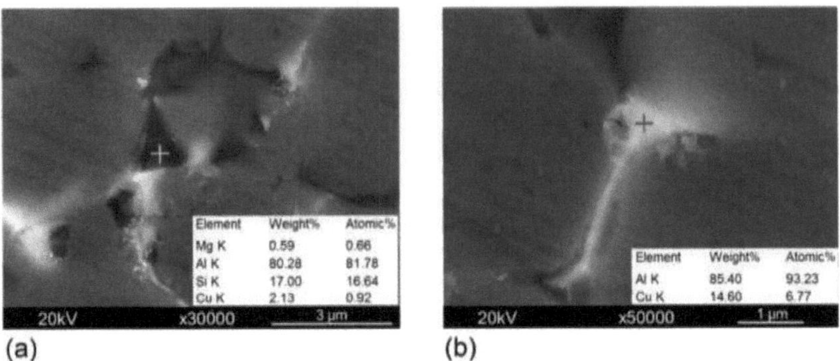

Fig. 10 Micrografias SEM em EQZ e resultados EDX correspondentes: AA4047 (a) e CW3 (b).

3.3. Propriedades de tração

A Fig. 11 ilustra as propriedades de tração do aro dos dois tipos de juntas em T soldadas por AA4047 e CW3, respetivamente. Em comparação com o limite de elasticidade médio (423,2 MPa), o limite de resistência à tração (501,4 MPa) e o alongamento (El) (11,0%) do material de revestimento da liga Al-Li 2060, as propriedades de cada tipo de junta em T foram reduzidas. Como se pode ver, os valores médios de YS, UTS e El foram 304,5 MPa, 391,7 MPa e 1,7%, e a eficiência calculada da junta atingiu 78,1%. No entanto, com a aplicação do material de enchimento CW3, as propriedades de tração das juntas melhoraram drasticamente.

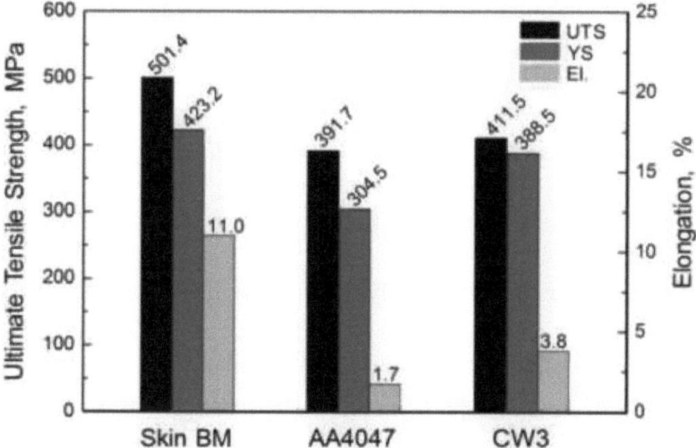

Fig. 11 Propriedades de tração em anel das juntas em T soldadas com AA4047 e cargas CW3, respetivamente.

Os valores médios de YS, UTS e El atingiram 388,5 MPa, 411,5 MPa e 3,8%, e a eficiência da junta calculada aumentou para 82,1%.

Como todos sabemos, a morfologia da fratura reflecte a resistência e a ductilidade da amostra de tração. Para tentar explicar as teorias das melhorias notáveis acima referidas nas propriedades de tração das juntas, as morfologias de fratura correspondentes à fase final da propagação de fendas de diferentes amostras foram também comparadas e analisadas por exames combinados de SEM e EDX, como se mostra na Fig. 12. Aparentemente, a julgar pela morfologia e tamanho do grão, verificou-se que as fissuras internas foram geradas e estendidas principalmente nos limites do grão dentro da ZEQ. Assim, as fractografias SEM de ambos os tipos de espécimes revelaram todas aparências típicas de fratura intergranular. No entanto, através de uma análise adicional de alta ampliação, foram encontradas distinções aparentes das fases nas características da fratura. Na Fig. 12a, as fases T com a estrutura cristalina tetraédrica típica foram observadas nos limites de grão equiaxiais e as películas líquidas cristalográficas nos grãos também puderam ser vistas como uma prova da existência de eutécticos de baixa fusão. Além disso, a superfície da fase T manteve-se lisa e não se observou qualquer covinha ou deformação aparente. Dadas as grandes diferenças nos parâmetros de rede entre a fase T e a matriz, a sua força de ligação era limitada. Como ilustrado na Fig. 13a, as fissuras intercristalinas podiam ser geradas e estendidas facilmente na superfície da fase T, o que estava de acordo com os resultados dos ensaios de tração acima referidos. No entanto, como resultado da alteração do metal de adição, os fractogramas de tração dos espécimes apresentaram características diferentes. Como se mostra na Fig. 12b, em vez das fases T tetraédricas, a fase T2 tornou-se a principal fase de reforço nos limites de grão equiaxiais. Através de uma análise de grande ampliação, observou-se uma deformação plástica óbvia na fratura da fase T2, o que indicava uma força de ligação relativamente maior com a matriz. Através de uma interpretação esquemática na Fig. 13b, as fissuras intercristalinas estavam sempre a enfiar

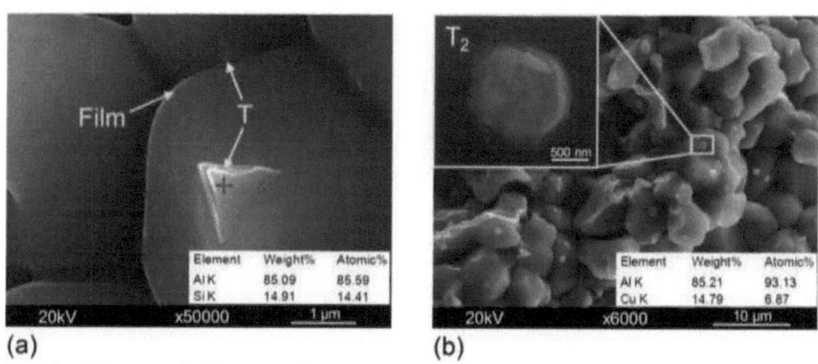

Fig. 12 Morfologias de fratura dos provetes de ensaio de tração em arco: AA4047 (a) e CW3 (b).

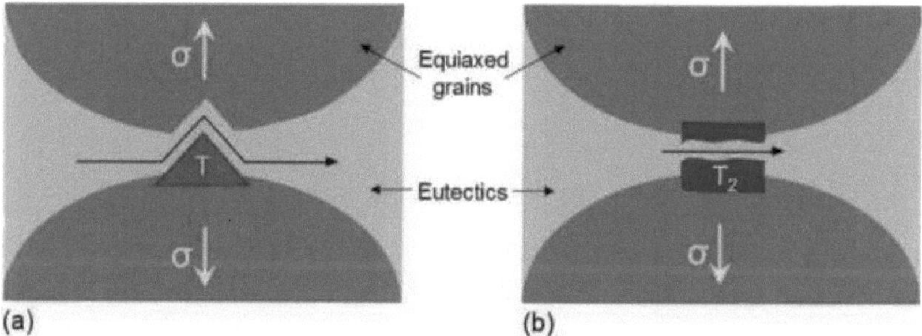

Fig. 13 Diagramas esquemáticos mostrando diferentes mecanismos de propagação

de fissuras intergranulares na ZEQ, incluindo: Fase T (a) e Fase T2 (b).

através das fases T2 para consumir mais energia na carga de tração. Consequentemente, como resultado da melhoria da resistência do contorno de grão na soldadura CW3, as características típicas de fratura transgranular também podem ser encontradas em

superfície de fratura, o que indicava que o modo de propagação da fenda tinha foi totalmente alterada de fratura transgranular frágil para fratura mista transgranular intergranular, o que levou à melhoria das propriedades de tração.

3.4. Suscetibilidade à fissuração a quente

Em termos de materiais de base, as ligas Al-Li são muito sensíveis à fissuração a quente devido ao seu elevado coeficiente de expansão térmica (CTE) e à formação de eutécticos de baixa fusão durante a soldadura por fusão. No processo de soldadura, os ciclos rápidos de aquecimento e arrefecimento podem causar um aumento da tendência para a fissuração por solidificação do metal de soldadura [31]. E também do ponto de vista dos parâmetros, a taxa de arrefecimento rápido promove o crescimento de grãos orientados, e também aumenta notavelmente a taxa de deformação a uma velocidade de soldadura elevada [32]. Pior ainda, com maior grau de restrição estrutural e tensão residual do que a junta de topo, a estrutura da junta em T apresenta uma suscetibilidade muito maior à fissuração a quente.

Necessariamente, para remover a cobertura de película de oxidação e sujidade no
A soldadura original, os espécimes particulares foram maquinados e polidos mecanicamente para que as fissuras quentes reais pudessem ser observadas claramente, foram processados espécimes metalográficos particulares, conforme ilustrado na Fig. 14a. Como podemos ver na Fig. 14b, as fissuras a quente não puderam ser eliminadas muito bem, mesmo com este enchimento AA4047 com elevado teor de Si. O AA4047 não mostrou efeito inibidor suficiente na formação de fissuras a quente na junta em T da liga Al-Li. Aparentemente, ocorreram fissuras a quente tanto na FZ como na EQZ,

nomeadamente fissuras de solidificação. A maioria das fissuras de solidificação eram geralmente perpendiculares à direção de soldadura, e algumas estendiam-se mesmo diretamente para a linha de fusão até encontrarem as fissuras na ZEQ. Obviamente, estas fissuras de solidificação interna podem piorar definitivamente as propriedades de tração da junta em T nas orientações paralela e vertical. Por um lado, um estudo anterior descobriu que uma velocidade de soldadura elevada era realmente necessária para reduzir as porosidades dentro da soldadura [20]. Por outro lado, no entanto, as proporções de grãos orientados e o eutéctico intergranular de baixa fusão seriam promovidos sob alta velocidade de soldadura, o que tornaria a fissuração a quente mais grave. No entanto, por meio de novos metais de enchimento CW3, as soldas sem rachaduras poderiam ser soldadas de forma confiável, como provado na Fig. 14c. O material de enchimento CW3 mostrou um melhor efeito inibidor sobre as fissuras a quente do que o anterior AA4047. Sem a redução da velocidade de soldadura, as fissuras de solidificação, especialmente as verticais a

a direção de soldadura, foi consideravelmente minimizada.

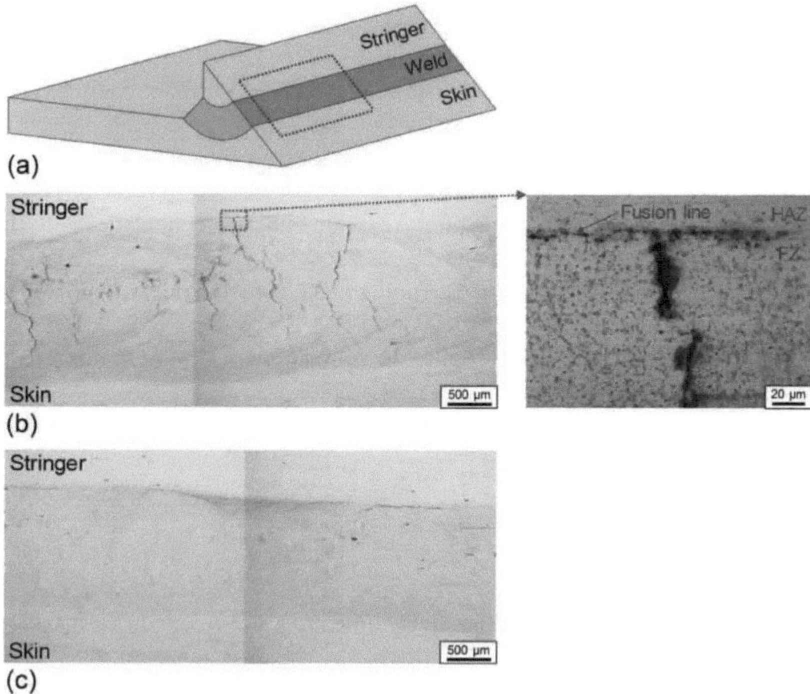

Fig. 14 Macrografias ópticas mostrando a distribuição das fissuras quentes características: esquema de amostragem (a); AA4047 (b) e CW3 (c).

Normalmente, a penetração da soldadura era limitada a um pouco menos de metade da espessura do material da pele, e as energias de linha inferiores aos valores óptimos poderiam fazer com que a penetração fosse inferior à gama óptima e causar a degradação das propriedades da soldadura em diferentes aspectos, tais como o aro propriedades de tração, propriedades de tração da cabeça e desempenho à fadiga. Linha alta

A energia de linha mais elevada do que a energia calculada foi provada ser prejudicial à suscetibilidade de fissuração a quente da soldadura, no entanto, para cobrir o efeito do arrefecimento rápido do aparelho de fixação e da placa de suporte no campo de temperatura de soldadura durante a soldadura, é necessário utilizar energias de linha mais elevadas do que os valores calculados para manter a penetração em tempo real na gama razoável de penetração da soldadura. Aparentemente, a capacidade de dissipação de calor no processo de soldadura foi aumentada com o aumento do tempo de soldadura, por isso, quando a velocidade de soldadura foi diminuída de 10 para 6 m/min, a energia de linha foi realmente aumentada de 18 para 25 J/mm para manter a penetração de soldadura óptima.

Para estudar o mecanismo do material de enchimento CW3 que reduz eficazmente as fissuras a quente, foram processados espécimes especiais para expor e comparar as características internas de diferentes composições de soldadura por SEM, como se mostra na Fig. 15. A caraterística da estrutura interna das fissuras a quente afectadas pelo AA4047 é observada na Fig. 15a. Para corresponder à alta tendência de fissuração a quente da solda AA4047, a baixa força de ligação interdendrítica poderia ser explicada. Em pormenor, foram distinguidas dendrites colunares primárias sem ligação entre si e apenas as fases T (AlLiSi) foram expostas nos limites das dendrites. Na Fig. 15b, no entanto, como resultado do suplemento da relação Cu dentro da solda

até CW3, dendrites colunares em ponte com uma subestrutura rica

Os dendritos foram cristalizados, e o número de fases T_2 (Al_6CuLi_3) brilhantes nos dendritos também pode contribuir para aumentar a força de ligação interdendrítica, de modo a resistir a fissuras a quente. Além disso, Twardowska et al. [33] descobriram que as estruturas de solidificação com grãos finos e dendritos de subestrutura eram úteis para aumentar a ligação de interface nos limites dos grãos, melhorando assim a resistência, a tenacidade à fratura e a resistência à fissuração a quente.

Além da metalurgia do banho de solda, o ajuste do parâmetro de soldadura é geralmente considerado para evitar a fissuração a quente em LBW de ligas Al-Li. Para resistir à fissuração por liquefação na ZTA, deve ser utilizada uma velocidade de soldadura mais elevada para reduzir a entrada de calor de soldadura. Zuo et al. [31] descobriram que, no entanto, uma soldadura mais elevada era um fator negativo para resistir à fissuração por solidificação na ZF devido a uma solidificação mais forte e a uma taxa de deformação mais elevada. Esta conclusão foi comprovada pelos nossos resultados de ensaios recentes. Foram medidos os números de fissuras superficiais por unidade de comprimento de soldaduras soldadas com diferentes velocidades de soldadura por AA 4047 e CW3, respetivamente. Com uma diminuição da velocidade de soldadura de 10 para 6 m/min, os números de fissuras superficiais nas soldaduras de dois fios diferentes mostraram todos diminuições de 7 para 2 por cm (AA4047) e de 1 para 0 por cm (CW3). No entanto, Zhang et al.

[20] verificaram que a porosidade da soldadura piorava muito quando se reduzia a

velocidade de soldadura, pelo que a soldadura a alta velocidade era um processo favorável para reduzir a porosidade da soldadura. Pelo exposto, o controlo metalúrgico do banho de soldadura com um novo fio pode ser uma forma eficaz de melhorar a sensibilidade da soldadura à fissuração a quente.

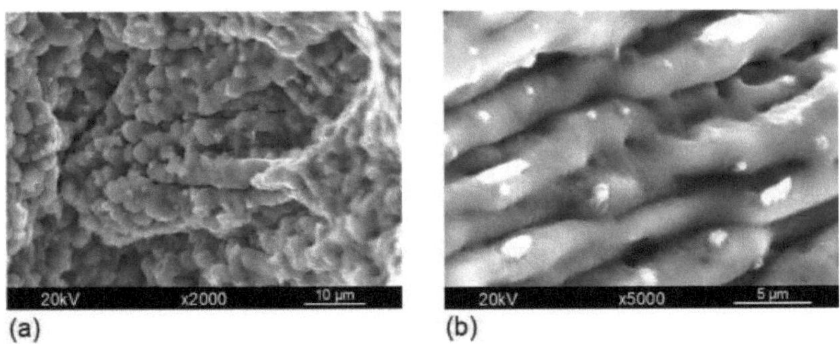

Fig. 15 Características microestruturais internas das fissuras a quente nas soldaduras

soldadas por: AA4047 (a) e CW3 (b).

Para comparar o efeito de refinação do grão do fio AA4047 e do fio CW3, foram medidos os tamanhos dos cristais colunares dentro da mesma área da junta em T soldada pelo fio AA4047 e pelo fio CW3, respetivamente, como se mostra na Fig. 16. A área típica de medição na junta em T foi localizada na FZ adjacente à linha de fusão superior, como indicado na Fig. 16a. Na Fig. 16b, como resultado de poucos Mn e Ti no AA4047, foram cristalizados cristais colunares relativamente volumosos com uma largura de secção de 2,75-4,95 μm. Na Fig. 16c, no entanto, por aumentos significativos de Mn e Ti em CW3, as larguras de secção dos cristais colunares dentro da mesma área foram refinadas com sucesso para um nível de 1,59-2,50 μm. Devido ao refinamento do cristal colunar na junta em T soldada pelo fio CW3, foram gerados mais limites de grão dentro da área da unidade, a tensão de tração interfacial original pode ser distribuída em mais limites de grão. Isto significa que o nível de tensão de tração em cada limite deve diminuir e esta alteração também contribuirá para a promoção de uma distribuição uniforme de eutécticos, pelo que a resistência à fissuração a quente na soldadura pode ser melhorada de forma eficaz.

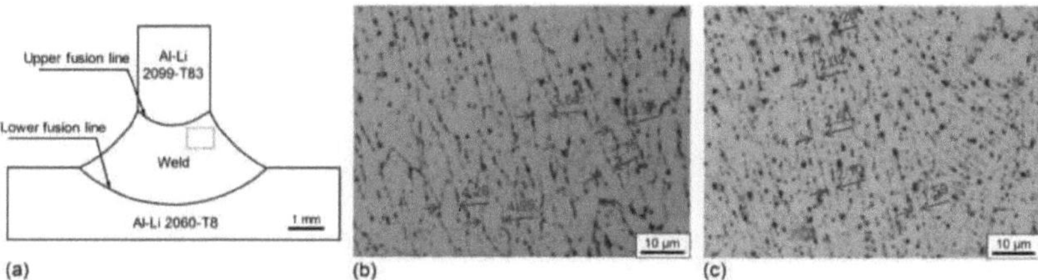

Fig. 16 Medições de cristais colunares dentro das soldaduras soldadas por fio diferente: posição de medição (a); AA4047 (b) e CW3 (c).

4. Conclusão

Com base nos resultados de um estudo sobre as ligas Al-Li 2060-T8/2099-T83 soldadas por feixe laser de dupla face, utilizando metais de adição comerciais AA4047 e CW3 (Al-6,2Cu-5,4Si) recentemente desenvolvidos, podem ser alcançadas as seguintes conclusões:

(1) Para além das regiões normais como a BM, HAZ, PMZ e FZ dentro da soldadura, uma EQZ típica também pode ser observada ao lado da linha de fusão em ambas as juntas em T soldadas com AA4047 e CW3. Especialmente, com a utilização de CW3, a EQZ de baixo desempenho foi restringida e foi possível obter uma soldadura sem fissuras.

(2) Sob a influência de uma função combinada de Al-6,2%Cu-5,4%Si por CW3, o principal precipitado intergranular dentro da EQZ foi convertido da fase T (AlLiSi) para a fase T2 (Al_6CuLi_3). Estudos sobre o mecanismo de propagação de fissuras intergranulares mostraram que a fase T2 tinha melhores propriedades de ligação e plásticas do que a fase T. Uma vez que as fracturas foram geradas e estendidas principalmente nos limites de grão dentro da EQZ em carga de tração, os valores médios da tensão de cedência das juntas em T, da tensão de rutura e do alongamento foram idealmente melhorados de 304,5 MPa, 391,7 MPa e 1,7% para 388,5 MPa, 411,5 MPa e 3,8%, respetivamente.

(3) Com o uso do fio AA4047, foram cristalizados dendritos colunares primários orientados sem dendritos de estrutura e as fissuras de solidificação aparentes foram distribuídas principalmente na orientação vertical para a direção de soldadura dentro da FZ. Como resultado do emprego de CW3, no entanto, dendritas de subestrutura mais ricas cobertas por fases T2 nos limites de grão foram geradas para fazer a ponte entre as dendritas colunares primárias e, portanto, as trincas a quente foram drasticamente restringidas.

Agradecimentos

Os autores gostariam de agradecer ao National Engineering Research Center of Commercial Aircraft Manufacturing pelo apoio financeiro a este projeto.

Referências

[1] A. Kostrivas, J.C. Lippold, Weldability of Li-bearing aluminium alloys, Int. Mater. Rev. 44 (1999) 217-237.

[2] G. Neye, Laserstrahlschweiβkonzept für Rumpfschalen-strukturen, Strahltechnik, Band 5, Bremen: Bias-Verlag (1997).

[3] P.F. Mendez, T.W. Eagar, Welding process for aeronautics, Adv. Mater. Proc. 159 (2001) 39-43.

[4] W.V. Vaidya, M. Horstmann, E. Seib, K. Toksoy, M. Koçak. Assessment of fracture and fatigue crack propagation of laser beam and friction stir welded aluminum alloys, Adv. Eng. Mater. 8 (2006) 399-406.

[5] B. Brenner, J. Standfuβ, L. Morgenthal, D. Dittrich, V. Fux, B. Winderlich, New technological aspects of laser beam welding of aircraft structures, Düsseldorf: DVS (2004) 19-24.

[6] W. Zink, Welding fuselage shells, Ind. Laser Solut. Manuf. 16 (2001) 7-10.

[7] D. Dittrich, J. Standfuss, J. Liebscher, B. Brenner, E. Beyer, Soldadura por feixe de laser de ligas de Al difíceis de soldar para um projeto de fuselagem de aeronave regional - primeiros resultados, Phy. Proc. 12 (2011) 113-122.

[8] E.J. Lavernia, T.S. Srivatsan, F.A. Mohamed, Strength, deformation, fracture behaviour and ductility of aluminium-lithium alloys, J. Mater. Sci. 25 (1990) 1137-1158.

[9] T.S. Srivatsan, T.S. Sudarshan, Welding of lightweight aluminum lithium alloys, Weld. J. 70 (1991) 173-185.

[10] A. Ravindra, E.S. Dwarakadasa, T.S. Srivatsan, C. Ramanath, K.V.V. Iyengar, Microestruturas de soldadura por feixe de electrões e propriedades da liga de alumínio-lítio 8090, J. Mater. Sci. 28 (1993) 3173-3182.

[11] A. Gutierrez, J.C. Lippold, W. Lin, Nondentritic equiaxed zone formation in aluminum-lithium welds, Mater. Sci. Forum. 217-222

(1996) 1691-1696.

[12] M.F. Lee, J.C. Huang, N.J. Ho, Microestrutura e caraterização mecânica da

soldadura por feixe de laser de uma chapa fina de 8090 Al-Li, J. Mater. Sci. 31 (1996) 1455-1468.

[13] D.X. Yang, X.Y. Li, D.Y. He, Z.R. Nie, H. Huang, Caracterização microestrutural e das propriedades mecânicas das soldaduras de gás inerte de tungsténio da liga Al-Mg-Mn modificada com Er, Mater. Des. 34 (2012) 655-659.

[14] A. Gutierrez e J.C. Lippold, Um mecanismo proposto para a formação de grãos equiaxiais ao longo do limite de fusão em ligas Al-Cu-Li, Weld. J. 77 (1998) 123-132.

[15] G.M. Reddy, A.A. Gokhale, K.S. Prasad, K.P. Rao, Formação de zonas de arrefecimento em soldaduras de ligas Al-Li, Sci. Technol. Weld. Join. 3 (1998) 208-212.

[16] S. Dev, B.S. Murty, K.P. Rao. Effects of base and filler chemistry and weld techniques on equiaxed zone formation in Al-Zn-Mg alloy

soldaduras, Sci. Technol. Weld. Join. 13 (2008) 598-606.

[17] J.C. Lippold, W.F. Savage, Solidification of austenitic stainless steel weldment, part 2 - the effort of alloy composition on ferrite morphology, Weld. J. 59

(1980) 48-58.

[18] A.A. Omar, Efeitos dos parâmetros de soldadura na formação de zonas duras em soldaduras de metais dissimilares, Weld. J. 77 (1998) 86-93.

[19] D.C. Lin, G.X. Wang, T.S. Srivatsan, Um mecanismo para a formação de grãos equiaxiais em soldaduras da liga de alumínio-lítio 2090, Mater. Sci. Eng. A 351 (2003) 304-309.

[20] Y.L. Zhang, W. Tao, Y.B. Chen, Processo, microestruturas e propriedades mecânicas de juntas em T soldadas com feixe de laser de fibra dupla face de ligas de alumínio-lítio 2060 e 2099, Proceedings of ICALEO2015-The 34th International Congress on Applications of Laser & Electro-Optics, (2015) 437-445.

[21] R. Jan, P.R. Howell, R.P. Martukanitz, Otimização dos parâmetros para a soldadura por feixe laser da liga de alumínio-lítio 2195, In: Proceedings of 4th International Conference on Trends in Welding Research. (1996) 329-334.

[22] M. Zain-ul-abdein, D. Nélias, J.F. Jullien, D. Deloison, Investigação experimental e simulação de elementos finitos de tensões residuais e distorções induzidas pela soldadura por feixe laser em chapas finas de AA 6056-T4, Mater. Sci.

Eng. A 527 (2010) 3025-3039.

[23] Y.T. Tian, J.D. Robson, S. Riekehr, N. Kashaev, L. Wang, T. Lowe, A. Karanika, Process optimization of dual-laser beam welding of advanced Al-Li alloys through hot cracking susceptibility modeling, Metall. Mater. Trans. A 47A (2016) 3533-3544.

[24] X.Y. Zhang, W.X. Yang, R.S. Xiao, Microestrutura e propriedades mecânicas da liga Al-Li 2060 soldada por feixe de laser com fio de enchimento Al-Mg, Mater. Des. 88 (2015) 446-450

[25] N. An, X.Y. Zhang, Q.M. Wang, W.X. Yang, R.S. Xiao, Soldadura a laser de fibra de liga de alumínio-lítio com fio de enchimento, Chin. J. Lasers41(2014) 1003009.

[26] N.C. Goel, J.R. Cahoon, O sistema Al-Li-Si (alumínio-lítio-silício), J. Phase Equil. 12 (1991) 225-230.

[27] S.C. Wang, M.J. Starink, Precipitados e fases intermetálicas no endurecimento por precipitação de ligas à base de Al-Cu-Mg-(Li), Int. Mater. Rev. 50 (2005) 193-215.

[28] S. Katsikis, B. Noble, S.J. Harris, Microstructural stability during low

temperature exposure of alloys within the Al-Li-Cu-Mg system, Mater. Sci. Eng. A 485 (2008) 613-620.

[29] D. Wang, Z.Y. Ma, Effect of pre-strain on microstructure and stress corrosion cracking of over-aged 7050 aluminum alloy, J. Alloys Compd. 469 (2009) 445-450.

[30] P. Lang, E.P. Karadeniz, A. Falahati, E. Kozeschnik, Simulação do efeito da composição na precipitação em ligas 6xxx Al durante o aquecimento contínuo DSC, J. Alloys Compd. 612 (2014)

443-449.

[31] M. Pakniat, F. Malek Ghaini, M.J. Torkamany, Fissuração a quente na soldadura a laser de Hastelloy X com Nd: YAG pulsado e lasers de fibra de onda contínua, Mater. Des. 106 (2016) 177-183.

[32] T.C. Zuo, Laser materials processing of high strength aluminum alloys, Beijing: National Defense Industry Press 1-4 (2002) 87-89.

[33] A Twardowska, J.P. Kusinski, Laer welding of Al-Li-Mg-Zr alloy, Proc. SPIE 4238 (2000) 180-185.

yes

I want morebooks!

Buy your books fast and straightforward online - at one of world's fastest growing online book stores! Environmentally sound due to Print-on-Demand technologies.

Buy your books online at
www.morebooks.shop

Compre os seus livros mais rápido e diretamente na internet, em uma das livrarias on-line com o maior crescimento no mundo! Produção que protege o meio ambiente através das tecnologias de impressão sob demanda.

Compre os seus livros on-line em
www.morebooks.shop

info@omniscriptum.com
www.omniscriptum.com

Printed by Books on Demand GmbH, Norderstedt / Germany